(일러두기)
Y 건축가의 언어는 젊은 건축가(Young Architect)이면서,
아직(Not Yet) 자신만의 언어를 구체화하지 않은 건축가를 다룬다.
건축가의 언어는 시대에 따라, 시간에 따라, 경험에 따라 달라질 수 있다.

Y 건축가의 언어

자연스레

김영배

추천의 글

2009년 11월의 어느 날 포트폴리오를 들고 사무실로 찾아온 김영배를 처음 만났다. 당시 메타건축에 대한 호감을 갖고 있었으며 그의 건축에 대한 강한 열의를 높게 평가하였기에 함께 작업을 시작했다. 사회생활을 메타건축의 신입사원으로 시작한 김영배의 태도는 다른 구성원과는 사뭇 달랐다. 주어진 일 외에도 사무실에서 벌어지는 모든 일에 관심을 보이며 기대하지 않은 개입을 자청했고 일상의 대부분 시간을 사무실에서 보내곤 했다. 외근 후 사무실에 돌아와 보면 늦은 시간에도 그는 자리에 있었고 휴일 근무할 때에도 항상 그의 자리를 지키고 있었다. 사적인 대화를 나누어보면 사무실에서 일만 하는 것은 아니었다. 얼마 지나지 않아 김영배가 얼마나 건축을 그리고 메타건축을 사랑하고 자랑스러워하는지 알게 되었고 스스로의 열정을 증명이라도 하듯이 꽤 많은 작업에 참여하면서 건축 외에도 문화와 교육 등 다양한 소양을 쌓아나갔다.

시간이 흘러 김영배는 스스로의 건축을 위하여 독립을 준비하였고 얼마간의 인큐베이팅 과정을 경험하며 2018년 호사를 떠났다. 김영배와 함께 한 10년의 시간은 내게도 큰 자극이 되었다. 되돌이표와 같은 생활 속에 익숙함으로 생기는 안일함에 대한 한계를 나도 느끼곤 하였기에 그 10년의 시간 동안 정체되지 않을 수 있는 원동력이 되기도 한 것이다.

나는 김영배의 홀로서기 이후에도 지근거리에서 가끔씩 들여다보며 그의 성장을 지켜보고 있다. 치열한 건축계에서 자기 목소리를 당당하게 낼 줄 아는 쟁이로서의 모습을 보이기도 하고 가정과 사무실을 건사하며 하루하루를 걱정하는 소시민의 모습도 보인다. 하지만 일상의 작은 걸림돌들은 김영배에게는 큰 장애물이 되지 않을 것이며 스스로의 담금질에 익숙한 그는 보다 나은 내일을 위한 오늘을 살아가는 방식을 이미 배운 것 같다. 그리 길지 않은 건축가로서의 걸음을 걸으면서 지나온 길을 글을 통하여 정리하는 그에게 박수를 보내며 15년 전의 순박한 청년은 이제는 건축가로 자리매김을 하며 여전히 스스로를 증명하고 있음에 흐뭇하기까지 하다. 그리고 나는 즐거운 마음으로 김영배를 바라보며 그의 내일을 응원한다.

_ 우의정(메타건축 건축가)

건축(물)의 탄생은 건축가의 경험에서 비롯된다. 경험은 창작의 샘이다. 창작의 샘은 건축가이고자 하는 이의 여행, 독서, 사유, 만남 등을 통해 서서히 채워진다. 그렇게 채워진 샘이 넘칠 즈음에 건축가는 드디어 세상 밖으로 나와 자신의 물길을 만들기 시작한다. 닿을 수도 아닐 수도, 도드라질 수도 아닐 수도 있는 건축의 넓은 바다를 향해서 기나긴 여정을 시작한다. 그 여정의 중간에 숱한 사건들과 마주친다. 구불구불한 물길의 모습은 그때그때 건축가가 경험한 낯설거나 익숙한 정황의 기록과 같다. 때론 난관에 봉착하여 머뭇거리기도 하고, 때론 길을 잘못 들어서서 방황하기도 하고, 때론 성가신 이웃을 만나 모든 게 싫어지기도 하고, 때론 아슬아슬한 계곡을 타고 내리며 가슴을 쓸어내리기도 하고, 때론 댐에 갇혀 오도 가도 못하다 진이 빠진 채로 자신이 물길이었다는 사실조차 잊어버리기도 하고, 때론 소소한 것에서 기쁨을 찾아내기도 하고, 때론 의인을 만나 나이아가라 폭포수를 미끄럼타듯 신나게 물질을 하기도 하고, 그렇게 바다를 향해 길을 트며 달려나가던 어느 날 건축가라는 이름의 물길은 드디어 자신이 바라던 바다 위에 안착한 것을 알게 된다. 고단한 여정의 도중에 말라서 증발하지 않고, 더 큰 물길에 휩쓸려 사라지지 않을 수 있는 것은 건축가가 매 순간 맞닥뜨린 경험으로부터 건축(함)의 발견이라는 동력을 추진체로 삼을 수 있을 때 가능한 일이다.

    이 책은 건축가 김영배 소장의 물길 연원을 이해할 수 있는 창작의 샘으로 안내한다. 그가 자연과 일상에서 발견하는 가치들은 계속해서 그의 물길을 더욱 힘차게 구르게 하는 동력으로 장착될 것이다. 김영배 건축의 미래가 기대되는 이유이다.

_ 전진삼(격월간 「와이드AR」 발행인, 건축비평가)

| 프롤로그 | 자연스럽게, 자연을 생각하다 | 12 |

| 자연이 주다 | 영감을 주는 자연 | 16 |

자연이 되다		24
	자연스러운 풍경 만들기, 흐르는 풍경	28
	함께 어우러지기, 한 사람을 위한 집	38

자연에서 얻다		50
	자연과 인공 사이의 재료, 홍티 라운지	54
	자연의 켜를 만드는 공간, 서프 하우스	64

자연이 쌓이다		76
	시간과 재료의 적층, 리틀아씨시	80
	시간과 추억이 만든 새로움, 고라미집	92
	오래된 시간과 현재의 시간이 만나다, 시간의 여백	104

프롤로그

자연스럽게,
자연을 생각하다

어느 날 아침, 평소와 다름없이 익숙한 산을 바라보던 중이었다. 하지만 그날은 비가 내려 산의 모습이 전혀 다르게 다가왔다. 이처럼 일상 속 작은 변화가 나의 건축적 상상력을 자극한다. 자연의 미묘한 아름다움과 그것이 우리에게 불러일으키는 감정은 단순히 건축적 형태로 표현하는 것 이상의 의미를 담고 있다. 나는 건축이란 단순한 구조물의 설계를 넘어, 우리가 살아가는 공간 속에 자연의 섬세한 조화를 담아내는 작업이라고 믿는다.

재료, 풍경, 형태 이 세 가지 요소는 나의 건축적 탐구의 중심에 자리 잡고 있다. 일상에서 마주치는 돌담길의 굴곡, 오래된 통나무의 거칠고 따뜻한 결, 호숫가의 고요한 풍경은 나에게 끊임없는 영감을 제공한다. 나는 이러한 순간들을 포착해 사진으로 남기고, 그것을 통해 얻은 인상을 다시 되새기며 건축적 아이디어로 발전시킨다. 건축이란 이처럼 일상의 순간들이 구체적 형태로 변형되고, 그것을 통해 새로운 공간적 경험을 창조해내는 과정이다. 재료가 가지고 있는 고유한 성질과 그것이 자연과 어우러지는 방식을 탐구하며, 나는 독창적인 건축적 해석을 시도한다.

자연스러움이란 무엇일까? 많은 이가 자연을 떠올릴 때 시골의 한적함이나 원초적 환경을 연상한다. 그러나 나는 도시에서도 자연의 요소를 충분히 발견할 수 있다고 믿는다. 도시의 햇살, 비가 내린 날의 촉촉한 공기, 바람에 흔들리는 나무는 모두 우리가 일상에서 경험하는 자연의 일부다. 나의 건축은 도시적 환경 속에서도 자연의 미묘한 변화를 담아내고자 하는 열망에서 출발한다. 자연이란 단지 시골이나 산속에만 존재하는 것이 아니라, 우리의 일상에서도 언제나 우리와 함께 숨 쉬고 있다. 내가 설계하는 공간에서 사람들이 자연을 다시 경험하게 하고, 그 안에서 감동적인 순간을 느끼게 하기를 바란다. 예를 들어, 집 안의 문을 열고 마당으로 나섰을 때 접하는 신선한 공기, 거실 창문 너머로 보이는 나무와 구름의 흐름을 통해 사람들은 그 순간의 아름다움을 경험하게 된다. 건축은 이러한 순간들을 체험하게 하는 중요한 도구다. 나는 이러한 경험들이 사람들의 기억 속에 깊이 새겨지기를 희망한다. 공간은 우리의 기억과 감정을 담아내는 그릇이 되며, 우리가 과거를 회상하고 감정적으로 다시 연결되게 하는 역할을 한다.

공간은 단순한 물리적 형태 이상의 의미를 지닌다. 우리가 삶을 영위하는 환경이자, 그 속에서 일어나는 모든 감정적 경험의 배경이 된다. 우리는 공간을 통해 일상의 순간들을 자각하게 되고, 그러한 경험들이 우리의 기억 속에 녹아들어 하나의 이야기로 자리 잡는다. 나는 나의 건축이 사람들에게 그 순간의 감정을 다시금 느끼게 해주기를 바란다. 문을 열고 나가는 순간 맡는 신선한 공기, 창문을 통해 바라보는 바깥 풍경의 아름다움, 이러한 경험들이 건축을 통해 더욱 풍부하게 전달되기를 바란다. 건축은 우리가 일상을 바라보는 방식을 새롭게 해주며, 나아가 삶의 질을 높여주는 힘을 가지고 있다.

이 책은 나의 건축적 여정과 그 과정에서 얻은 통찰을 공유하기 위해 쓰였다. 재료의 고유한 특성을 탐구하고, 자연을 재해석하며, 기억을 담아내는 과정을 통해 어떻게 나의 건축이 완성되어 가는지를 보여주고자 한다. 내가 경험한 일상에서의 감동적인 순간들이 어떻게 건축적 형태로 변형되고, 다시 사람들에게 새로운 감동을 전달하는지를 독자와 함께 나누고 싶다. 이 이야기가 건축가, 건축을 사랑하는 이들, 혹은 단순히 아름다운 공간을 꿈꾸는 모든 이에게 새로운 시각과 영감을 제공하기를 바란다.

오늘의 나를 건축가 김영배로 성장하게 해주신 분들에게 감사 인사를 전한다.
메타의 우의정 소장님, 이종호 소장님.
2018년 첫 주택 설계를 의뢰해주신 영동주택의 이재훈 님, 2019년 공유 부엌 리틀아씨시의 원성경 님, 2020년 양양에 서프 하우스 설계를 의뢰해주신 박병준·황기란님, 2021년 고라미집의 설계를 의뢰해주신 권희근 아버님과 송민희 어머님, 2021년 메타에서 설계한 썸북스의 증축 설계를 의뢰해주신 조선경 선생님, 2022년 지금 공사 중인 홍티타워, 아파트 인테리어, 홍티 라운지의 설계를 의뢰해주신 홍승현 대표님, 2024년 이제 착공을 시작한 지평 공방의 김현철 대표님, 2024년 왕십리 리모델링 프로젝트 설계를 의뢰해주신 전춘섭 회장님.
이 책의 출판에 도움을 준 공을채 대표님, 김재경 작가님, 윤준환 작가님, 이한울 작가님 그리고 현희에게 감사의 인사를 전한다.

2024년 6월 26일
김영배

자연이 주다

자연은
어떤 영감을 주었을까?

———————

영감을 주는 자연

사무소를 설립했지만 혼자였기에 자유롭게 교외로 나가기 시작했다. 특히 운전을 하게 되면서 드라이브하는 걸 좋아해 한때 캠핑도 많이 했다. 일할 때는 서울이라는 도시에서 지내는 게 편하지만 주말에는 교외로 나가는 게 좋았다. 자연스럽게 산이나 바다로 나가 쉬었을 때의 느낌이나 생각이 건축설계에 많은 영향을 주었다. 도시나 자연에서 발견되는 시간에 따라 조금씩 잠식되어온 흔적들이나 사람의 손길이 닿았다가 오랫동안 방치된 모습에서 영감을 얻을 수 있었다. 이러한 요소들은 때로 깊은 사유로 이끌며 나의 건축 작업에 대한 주변 환경이나 자연을 떠올리게 만드는 데 큰 영향을 미친다.

2023년 제천에 위치한 주택을 설계하면서 첫날 뒷산을 방문하고 돌아오는 길에 오미자 덩굴이 만든 터널을 목격했다. 오미자 덩굴이 얼기설기 얽혀 터널 같은 형상을 만드는데, 오후 네 시쯤 해가 나무에 가려 터널의 끝부분에단 해가 떨어지는 모습은 사진으로 담는 것보다 실제로 보았을 때 더 환상적이었다. 터널 앞에서 볼 때는 가지와 줄기, 열매가 모두 말라 있고 복잡해 보이지만, 끝부분에는 자연의 조명을 받아 마치 영화 속 한 장면처럼 천국으로 가는 통로 같은 느낌을 주었다. 문득 자연스러운 조명과 색감을 내 건축에 적용해볼 수는 없을까 생각해보았다.

제천 오미자 터널에서 본 발광은 마치 영화 속 한 장면처럼 느껴졌다.

비슷한 시간대임에도 장소와 계절이 달라지니 또 다른 풍경이 펼쳐졌다. 2021년 7월, 주택을 설계하고 시공하면서 1년 반에서 2년 정도 양양의 죽도해변을 여러 번 방문했다. 공사가 마무리되어가는 시점에 시공사 소장과 함께 해변을 돌다가 만난 그날 해 질 녘 풍광은 지금도 잊지 못한다. 모든 곳이 주황빛으로 물든 그 황홀한 광경은 서울 한강 변에서 본 것과는 차원이 달랐다. 한강에서는 보통 분홍빛이나 붉은빛이었는데, 양양에서는 거의 진한 주황색이었다. 늘 찾던 곳이었지만, 흐린 날이나 청명하게 맑은 날과 달리 그날 주황빛으로 물든 바다와 건물, 주변 사물들은 다른 세상에 온 것 같은 강렬한 인상을 안겨주었다.

양양 죽도해변에서 본 노을은 지금도 잊지 못한다.

물이 빠지면서 진흙이 마르고 갈라지는 선들이 자연스럽게 그러데이션을 만들었다.

한 번은 강화도를 거쳐 석모도로 들어가는 길을 지나다가 문득 제방 너머에 무엇이 있을까 궁금증이 생겼다. 지도에서는 그곳에 바다가 있었다. 그날 순간적인 호기심으로 제방에 올라서니 땅의 끝이 하얗게 보였다. 서해안이라 당연히 갯벌로 인해 검게 보일 것이라고 생각했는데 여름에 왠 '눈'인가 싶었다. 처음엔 몰랐지만, 내려가 보니 갯벌의 입자들이 징그럽게 느껴졌다.

'에어리언' 시리즈 중 <프로메테우스>라는 영화에서 신을 찾아가는 장소와 유사하게 느껴져 무서웠다. 바다에서 벌레가 기어오르는 듯한 모습이었지만, 가까이에서 보니 염분이 빠지고 마른 후 남은 흔적이었다. 물이 천천히 빠지면서 진흙이 마르고 갈라지는 선들, 그리고 염분이 생기며 자연스럽게 그러데이션을 만들어가는 땅의 모습은 매우 인상적이었다.

건물의 형태를 만들고나서 재료를 선정할 때 항상 '자연스러운 모습을 어떻게 구현할 수 있을까'를 고민한다. 대부분의 건축가가 그렇듯 재료 간 정교한 마감을 위해 오차를 최소화하려고 애쓰지만, 이내 틀어진 모습을 발견하면 불편한 마음이 든다. 하지만 내가 생각하는 자연은 조금 어긋나 있기도 하고 무질서해 보이기도 하지만 통일감이 느껴진다. 이러한 자연의 모습처럼 여겨지는 건축은 어떻게 실현할 수 있을까.

가평에서 본 통나무는 사이즈와 나이테의 표현이 다르지만 유사성이 확장된 느낌이 들었다.

사이즈도 다른데 고르게 깔려 있는 박석이 자연스럽다.

굴 껍데기 산 뒤로 보이는 산과 구름이 오버랩되어 인상적이었다.

자연이 되다

자연스러운 풍경 만들기,
흐르는 풍경

함께 어우러지기,
한 사람을 위한 집

어떻게 건축은 자연과 조화로운 풍경을
만들 수 있을까?

우리는 자연과 건축의 관계 속에서 존재감을 인식한다. 건축을 통해 자연을 어떻게 생각하고 정의할 수 있는지 두 가지 관점으로 살펴볼 수 있다. 첫 번째는 원초적이고 자연 발생적으로 형성된, 우리가 잘 알고 있는 자연이다. 이는 숲, 산, 강과 같이 인간의 손길이 닿지 않은 원초적 상태를 말한다. 두 번째는 집-마을-도시로 확장되는 물리적 환경이 조화를 이루어가며 환경에 대한 배려가 돋보이는 것이다. 이 두 관점을 통해 우리는 자연과 인간 사이의 상호작용과 그 비율의 중요성을 인지하게 된다.

산자락 아래 작은 집들이 모여 촌락을 이루거나, 외딴곳에 혼자 서 있는 집 또는 논밭 사이에 조성된 시멘트 길과 같은 풍경은 인간과 자연이 만들어낸 조화의 다양한 사례를 보여준다. 이러한 예시들은 자연과 건축이 어떻게 상호작용하며, 때로는 인간의 개입이 어떻게 자연을 보호하고 강화하는 지를 시사한다.

하지만 건축 행위는 근본적으로 인공적이며, 자연을 해칠 위험이 항상 존재한다. 이러한 상황에서 건축이 자연의 일부가 되고자 하는 바람을 역설적이지만 희망적인 목표로 여기는 것이 모두에게 필요하다. 내가 추구하는 바는 건축과 같은 인공적 요소들이 자연의 아름다움과 조화롭게 결합해 자연스러움을 유지하는 것이다. 이러한 고민은 나의 사유와 창조 과정에서 깊이 얽혀 있다. 구체적으로 '인공적인 건축물이 자연과 어떻게 조화를 이루면서도 그 자연스러운 맥락을 보존할 수 있을지' 탐구한다. 단순히 외적인 조화에 그치지 않고 건축이 위치한 환경과의 깊은 연결을 통해 자연의 일부처럼 느껴지게 하는 것을 목표로 한다.

자연의 재료와 인간이 만들어낸 재료가 서로 어우러져 아름다운 풍경을 만들어내는 과정은 건축과 자연의 관계를 재정의하고, 더 나은 상호작용의 방향을 모색하는 데 중요한 역할을 한다. 이 과정에서 우리는 건축이 단순히 공간을 조성하는 행위를 넘어 자연과의 깊은 연결을 통해 새로운 가치와 의미를 창출할 수 있는 강력한 수단임을 인식하게 된다. 건축을 이용해 자연을 보호하고 강화하는 동시에, 삶의 질을 향상하는 지속 가능한 방식으로 자연과 조화를 이루어가는 것이야말로 나와 우리 사무실이 추구해야 할 궁극적 목표다.

자연스러운 풍경 만들기,
흐르는 풍경

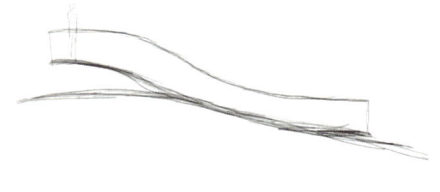

자연스러운 풍경 만들기,
흐르는 풍경

2018년 처음 설계한 프로젝트는 '흐르는 풍경'이다. 프로젝트명에서 알 수 있듯 건축물이 지형에 맞춰 흐르도록 만든, 거제도에 위치한 전망대다. 거제 9경 중의 하나인 여차-홍포 해안비경은 거제시 가장 남쪽에 위치하며, 지대가 높아 섬과 해변을 조망하기에 좋은 여건을 지니고 있다. 내가 참여한 '대한민국 테마여행 10선' 사업은 많은 관광객이 방문하는 관광 명소가 아닌 지역의 숨은 명소를 알리고자 하는 데 주안점을 두었다. 기존에 설치되어 있던 노후한 목재 전망대를 철거하고 여느 전망대와 차별화된 특색 있는 디자인 시설을 조성함으로써 자연경관과 유기적으로 연결되며 새로운 경관을 만드는 것이 목표였다.

기존 대지보다 높게 들어 올려 바다 쪽으로 길게 내민 데크가 여차마을을 내려다보도록 했다.

대상지는 해안도로에 위치한 세 곳의 전망 지점 중 한 곳이다. 절벽에 난 도로를 따라가다 보면 산이 굽이지고 바다가 교차되는 풍경이 펼쳐진다. 그리고 바다 고래처럼 거대한 섬들이 눈앞에 나타난다. 이곳에 압도적 스케일의 섬과 깊이를 알 수 없는 바다가 모여 있다. 드넓은 수평선이 보이고 발아래에는 에메랄드빛의 몽돌해수욕장과 다도해다운 돌무덤과 같은 섬이 시선을 사로잡는다. 사실 처음 전망대에 도착했을 때는 압도적 풍경 때문에 구조물이 위용을 자랑하며 배경을 가리는 것이 좋지 않을 것 같았다. 발주처에서는 구조물이 돋보이면서 포토존이 될 수 있는 공간을 만들어달라는 요구가 있었다. 최소한의 면적으로 풍경을 가리지 않는 수직 형태의 오브제를 만들려고 했지만, 대지 흐름 자체에 두 가지 뷰를 가지고 있었다. 한쪽은 바다가 내려다보이는 뷰이고, 다른 하나는 자연스레 하늘을 올려다보는 뷰였다. 마치 산 정상에서 바위에 올라섰을 때 풍경이 달라지듯 단의 높이로 방문객에게 새로운 풍경을 전달할 수 있을 것 같았다.

땅의 형상은 삼각형의 선형으로 도로 한 편이 경사진 모습이다. 우측에 섬이 있고 좌측에 여차마을을 내려다볼 수 있다. 자연스레 지형을 따라 흐르는 듯 길게 늘어뜨린 데크를 만들고, 우측은 지형을 따라 아래로 내려가는 스탠드 형식을 갖춰 섬을 조망하도록 조성했다. 또 좌측은 기존 대지보다 높게 들어 올려 바다 쪽으로 길게 내민 데크가 여차마을을 내려다보도록 했다. 경사진 지형을 활용해 데크의 높이를 다양하게 조정함으로써 자연을 대하는 방식을 달리했다.

지형에 따라 아래로 경사지게 조성해 스탠드 형식으로 바다를 조망할 수 있다.

경사진 지형을 활용해 특색있는
전망대를 조성함으로써 자연경관과
유기적으로 연결되며 새로운 경관을
만드는 것이 목표였다.

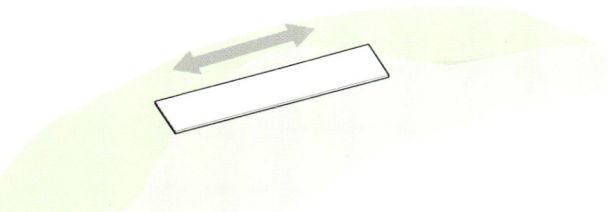

1. 데크

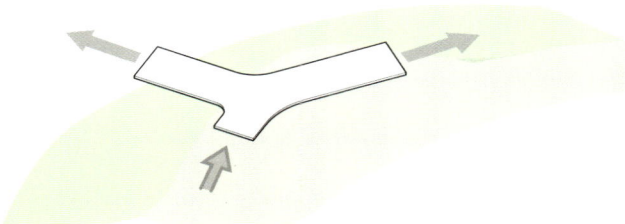

2. 경관과 입구

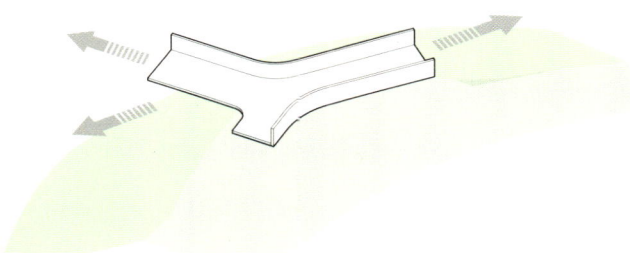

3. 막힌 벽과 열린 벽

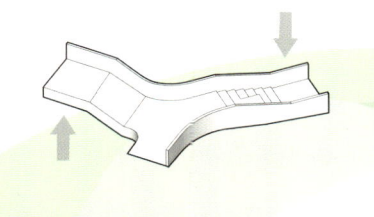

4. 올리기와 내리기

이번 프로젝트를 하면서 자연과 같이 모두가 공감할 만한 건축 풍경을 만들고 싶었다. 늘 여행을 다니면서 늘 그런 생각을 해왔지만, 이것이 자연을 모방하는 건축을 만들겠다는 뜻은 아니다. 사람들이 일상에서 삶을 영위하면서 정서적으로 경험할 수 있는 자연과 건축의 중간 영역을 만드는 것이 내가 할 수 있는 일이라고 생각한다. 여행을 다니면서 인상적인 장면들을 계속 봤는데 때로는 그런 경우가 있었다. 같은 장소를 가더라도 그날의 기후, 온도, 나의 컨디션에 따라 그 장소가 특별하게 보였다. 그런데 건축을 통해 어떤 풍경을 만들어야 한다면 지나치게 주관적이어선 안 되겠단 생각이 들었다. 많은 사람이 공감할 수 있을 만한 풍경이란 무엇일까. 누구나 "비경이다", "자연이 빚은 절경"이라고 하듯 어떤 건축물이나 공간을 만들었을 때 자연스럽다고 여겨지는 그런 분위기를 만들어내는 것이 나의 목표라고 할 수 있다. 그런 지점에서 '흐르는 풍경'은 이 땅에 흐르는 듯 펼쳐지는 풍경을 즐길 수 있는 곳이 되었다.

자연스레 지형을 따라 흐르는 듯 길게 늘어뜨린 전망대에서는 바다가 교차하는 풍경을 볼 수 있다.

모두가 공감할 만한 건축의 풍경을 만들고 싶었다.

함께 어우러지기,
한 사람을 위한 집

함께 어우러지기,
한 사람을 위한 집

자연을 둘러보다 보면 역시나 특별하다.
그날의 날씨, 환경, 장소가 남다르게 느껴지게
한다. 가끔 주목받지 못하는 대지에 건축을
해야 할 때가 있다. 그럼 그 장소를 다시
특별한 시선으로 볼 수 있도록 새로운 경계를
만들어나간다. 건축의 자연스러운 풍경은
계절에 따라 그 존재감을 달리하는 것이
아닐까.

진입 도로에서 60m 높이의 가파른 경사를 올라오면 670m² 대지에 80m²의 농가 주택이 자리 잡고 있다. 처음 대지를 방문했을 때 마주한 맞은편 산은 무더웠던 여름이 가고 선선한 가을이 오면서 단풍이 알록달록 물들어가는 풍경에 눈이 어지러울 정도였다. 건축주는 인적이 드문 조용한 마을에 부모님과 함께 살 집을 짓고자 이 장소를 찾았다. 기존 농가 주택은 세 식구가 살기엔 공간이 부족했다. 그래서 부모님이 거주할 수 있도록 인테리어를 하고 건축주가 혼자 살 공간을 추가로 짓기로 했다. 새로운 주택의 경우 기존 집과 형태를 어울리게 하는 것은 불가능했다. 예산이 부족해 기존 집을 크게 리모델링하는 작업이 어려웠기에 현실적으로 기존 집과의 조화는 포기하자는 생각이 있었다.

새로운 주택의 계획 조건은 1층은 주방 겸 창고로, 2층은 방으로 하되 1층에서 기존 농가 주택과 연결되어야 했다. 1층은 실내지만 밭일을 하다 점심을 챙겨 먹으려면 장화를 신은 채 들어가야 했기에 외부 공간 성격을 지닌 공유 공간의 역할을 하고, 2층은 사유 공간으로 사용하길 원했다. 사실 처음 이 땅, 그리고 샌드위치 패널 구조의 기존 주택을 보고 어떻게 조화롭게 신축 주택과 배치를 해야 할지, 재료는 어떤 걸 사용해야 할지, 외관은 어떠한 관계성을 가져야 할지 고민이 많았다. '조화가 과연 가능할까' 하는 고민 속에서 결국 기존 주택과는 기능적 동선만 해결하도록 하고 신축 주택은 독자적 외관을 가지는 것으로 방향을 설정하고 계획했다.

눈이 어지러울 정도로 풍경이 쏟아지는 곳에 농가 주택이 위치했다.

다용도실을 통해 두 주택을 연결하고자 했는데, 대지 경계선과 외부 통로까지 고려하다 보니 1층은 20m² 정도의 협소한 공간밖에 없었다. 그래서 2층은 캔틸레버 구조로 1㎡를 확장해 공간을 확보하고, 제작 가구를 활용해 곡면 벽의 실용성을 높였다. 또한 곡면 벽을 따라 큰 창을 설치해 파노라마르 풍경을 감상할 수 있도록 만들었다. 1층 주방에서 보면 바깥 풍경이 안으로 들어오는 느낌이 든다. 차경은 외부의 자연환경을 그대로 끌고 들어오는 것을 말한다. 이는 한국 전통 조경에서 중요한 개념 중 하나로, 멀리 있는 경치를 가까이 있는 공간에 끌어들여 그 경치를 일부분으로 만드는 조경 기법이다. 이번 프로젝트는 차경이 내포하는 의미에 대해 더 깊게 이해하는 데 중요한 역할을 했다. 자연과 건축물 사이의 경계를 모호하게 하며, 주변 환경을 집 안의 일부로 느끼게 했다.

단일한 형태지만 주변을 향해 부드럽게 감아 도는 외벽은 숲으로 확장되면서 자연을 유연하게 받아들이는 모습이다.

건축의 자연스러운 풍경은 계절에 따라
그 존재감을 달리하는 것이 아닐까.

자료제공: ㄷ.ㅁ.ㅇ.웍스

1층은 주방 겸 창고로, 2층은 방으로 하되 1층에서 기존 농가 주택과 연결되어야 했다.

산 중턱에 위치한 땅은 사방이 산으로 둘러싸여 있고 가을 단풍, 특히 겨울 설경이 매우 아름다운 곳이었다. 주변 풍경을 주택 내부로 끌어들이고 자연에 둘러싸인 채 명상을 즐길 수 있는 그런 집이다. 단일한 형태지만 주변을 향해 부드럽게 감아 도는 외벽은 숲으로 확장되면서 자연을 유연하게 받아들이는 모습이다. 반대로 내부에서 곡면 유리를 통해 바라보는 외부의 전경은 다양한 숲의 표정에 시선을 던진다.

오래된 마을 풍경 중에서도 어수선한 분위기를 자아내는 길도 있지만, 통일성을 갖게 되는 요소들(재료, 형태)로 풍경이 편안하고 자연스러움을 느낀 적이 있다. 대부분 판교의 운중동 같은 동네는 잘 디자인된 건축과 깔끔하고 명확한 선으로 정리된 도시 구조를 띠고 있지만 자연스러움을 느낄 수 있다고 하기엔 부족하다. 시간의 겹을 담고 있지 못해서이기도 하고 개개인의 주택과 기반 시설의 동질성을 느낄 수 없을 정도로 개성이 강하기 때문이다. 건축에서 외관을 만드는 일은 단순히 형태나 파사드를 가리키는 것이 아니라, 내부 공간과 외부 공간의 경계가 어떻게 구성되어 공간을 구축하고 있는지를 정의하는 것이다. 외부 공간과 내부 공간이 어떤 식으로 공간의 경계를 구성하고 있는지는 내부와 외부의 관계성에서 비롯한다. 이 주택의 외관은 땅의 경계로부터 빚어지고 내부 공간과 외부 공간은 곡면의 창호를 통해 관계를 맺는다. 주변을 향해 부드럽게 감아 도는 외벽은 숲으로의 확장과 연계를 유연하게 받아들이고, 반대로 내부에서 곡면 유리를 통해 바라보는 외부의 전경은 다양한 숲의 표정에 시선을 던지게 하며 주변의 풍경을 주택 내부로 끌어들인다.

곡면 벽을 따라 큰창을 설치해 파노라마로 풍경을 감상할 수 있도록 했다.

2층은 캔틸레버 구조로 1m를 확장해 공간을 확보하고, 제작 가구를 활용해 극면 벽의 실용성을 높였다.

이 주택의 외관은 땅의 경계로부터 빚어지고 내부 공간과 외부 공간은 곡면의 창호를 통해 관계를 맺는다.

자연에서 얻다

자연과 인공 사이의 재료,
홍티 라운지

자연의 켜를 만드는 공간,
서프 하우스

자연의 재료는
어떻게 건축이 되었을까?

자연이 가진 뜻 중 본래의 성질이라는 의미가 있다. 돌은 단단하고 묵직한 성질을 가지고 기초나 기단부 등의 구조적 역할을 하거나 내·외장 마감재로 사용함으로써 견고한 인상을 준다. 나무는 고유의 결이 있고 수종에 따라 색이 달라 다채로운 분위기를 만들어낸다. 때로는 본래의 재료 그대로를 가져다 놓기만 해도 그 영향력이, 장소에 미치는 힘이 다르다. 경기도 가평의 수상 레저로 유명한 지역을 돌아다니다 보면 수상 레저 시설과 호텔 그리고 카페가 유난히 눈에 띈다. 주변으로 여러 건물이 과감하게 지어지고 있는데, 이런 곳을 지나는 것만으로도 눈이 즐거울 때도 있다. 하지만 더 눈길이 가는 건 오래 자리 잡아서 땅과 겹쳐 보이는 건축물이다. 기술력이 곧 인상을 좌우하듯 얼기설기 엮인 돌담과 나무 고유의 결이 살아 있는 대문과 지면, 건축물의 밑단이 이끼로 덮여 있는 모습을 보면 사람의 손길이 아닌 자연의 힘으로 마감되어 있다. '흐르는 풍경'을 설계하며 통영을 지나치다 길가에 산더미처럼 쌓인 굴 껍데기를 차창 밖으로 보게 되었다. 차를 세우고 한참을 바라보며 거칠고 모난 굴 껍데기의 적층이 저 멀리 뒤로 보이는 산과 한 장면에 들어왔다. 모난 형태들을 적층해 더 큰 형상을 만들어낼 수 있는 게 마치 돌담이나 통나무를 쌓아 만든 것과 다르지 않지만 가공을 덜해서인지 다소 원초적이라고 할 수 있었다.

이런 경험들을 머릿속에 담다 보니 어느 순간부터 건축물에 자연의 재료를 넣는 데 큰 관심이 생겼다. 돌, 나무, 흙 등 자연에서 가져온 재료를 사용해 건축물을 만들고, 이를 통해 자연과의 조화를 추구하게 되었으며, 이러한 재료는 건축물의 미학과 기능을 극대화하는 데 중요한 역할을 한다. 특히 프로젝트 중 몇몇은 건축물의 외관과 내부 공간을 자연의 재료로 만들어 자연과의 조화를 더욱 강조했다. 돌, 나무, 흙 등의 재료를 사용해 건축물을 만들면서, 그 자연스러운 느낌과 아름다움을 강조하고, 자연의 재료를 최대한 활용해 건축물의 미학과 기능을 극대화하는 것에 중점을 두며, 그 자체로 독특한 미학을 지니도록 했다.

자연과 인공 사이의 재료,
홍티 라운지

자연과 인공 사이의 재료,
홍티 라운지

홍티 라운지의 공간 디자인은 자연으로 회귀를 바라며 초월적 관점을 통해 홍티 브랜드의 정체성과 서사에 대한 해석에서 시작되었다. 홍티 라운지는 투자 방식을 강연하는 곳으로 시간의 가치는 돈의 가치와 동등하다는 이념을 가지고 있다. 돈을 다루는 일은 속도라는 속성을 통해 사람의 본성과 행동에 드러나게 된다. 빠르게 처리하고 결과를 바라는 마음, 하지만 투자는 긴 시간을 스스로 다루는 일이다. 그렇기에 라운지에서는 빠른 속도감의 시간 감각이 아닌 여유롭고 편안함을 느낄 수 있는 공간이어야 했다.

좋은 재료를 가지고도 어떤 공구나 기법을 사용하느냐에 따라 다양한 인상을 만들어낼 수 있다. 자연의 재료는 건축 과정에서 가공되면서 무수히 많은 질감과 형태로 사용된다. 그럼에도 도시의 건축물이 동일하게 느껴지는 것은 본래 성질을 가리면서까지 가공되기 때문이다. 나는 본래 재료의 성질을 어떻게 하면 잘 드러낼 수 있을까 혹은 있는 그대로를 가져다 만드는 것이 과연 자연스러울 수 있을까 하는 생각을 많이 한다.

주변을 보면 오랜 시간, 시대를 풍미하는 건축양식과 건축 사업 목적에 따라 자신을 뽐내는 건축이 서로 조화롭지 않은 도시가 있다. 그런 드시를 보며 '우리가 만들고자 하는 건물은 어떤 모습을 띠어야 이 땅의 맥락과 같이 할 수 있을까'란 생각을 했을 때 내가 내리는 결론은 투박하지만 자세히 보면 세밀함이 많은 건축이었다. 그게 오히려 앞으로의 도시 풍경을 정화할 수 있는 방법이지 않을까 생각했다. 산업혁명 이후 모더니즘의 태동은 대량생산 기반의 가공 방식으로 획일화된 전형을 만들고 있다. 하지만 내가 하고자 하는 건축에는 이런 형식을 극복할 수 있는 가능성이 있다.

1 아트월 - 화강석 판재
2 바닥재 - 포보 마모륨
3 천장 - 워러웨이브
4 벽 - 블랙 스라코 롤칠
5 벽 - 붉은 갈색 계열 유럽 미장
6 기둥 - 콘크리트 치핑
7 아트월 - 알라바스라
8 바닥재 - 포보 플로렉스 카펫
9 벽 - 흙다짐벽

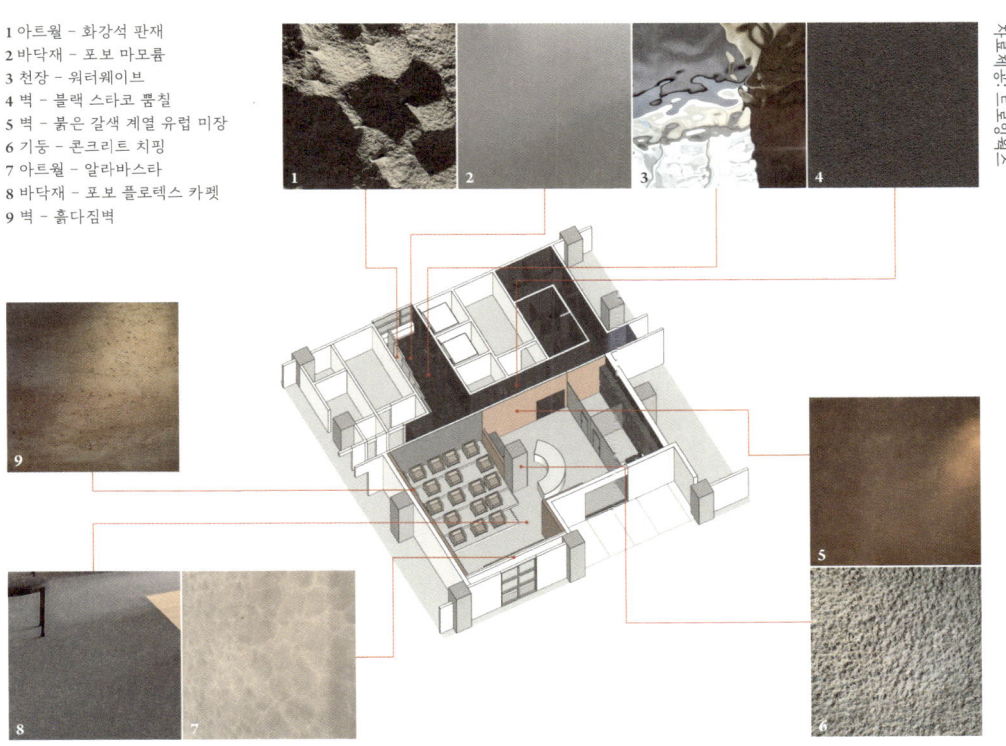

홍티 라운지에 사용한 재료

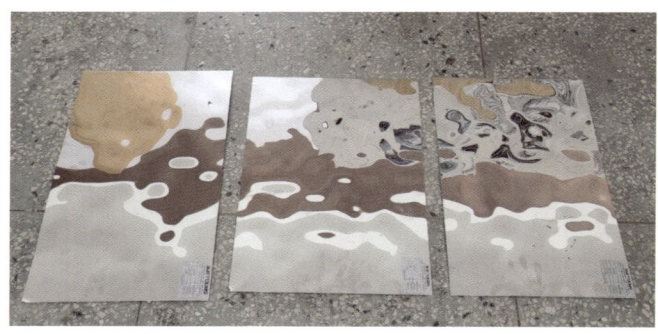

(시계방향으로)
엘리베이터에서 내리면 가장 먼저 발견할 수 있는 석재,
라운지 천장의 조명과 재료의 조합을 관찰하기 위해
목업을 시행했다. 금속의 일렁임 테스트, 흙벽을 통해
재료 고유의 색상을 구현했다.

재료 간 관계에 초점을 맞춘 건축물을 만들기 위해 재료를 탐구하고 있다. 재료의 특성, 채굴 방법, 산업 현장에서의 사용, 장인 정신적인 가공 방법 등을 살펴보고 전문 제조 기술이나 건축 분야의 혁신적 영향이 있는지 특정 재료가 지닌 물성 등을 관찰해 독특한 분위기를 극대화하는 작업에 중점을 두고 있다. 이러한 나의 건축적 태도는 재료를 통해 자연스러움을 표현함으로써 건축이 주변과 어우러지게 만든다.

홍티 라운지에 들어서면 돌덩어리의 무게감, 금속의 일렁임, 흙벽의 다공성, 천장 루버에서 새어 나오는 빛, 알라바스타의 황홀한 조명으로 이루어진 공간에 압도당하게 된다. 각 재료가 고유의 물성과 구법으로 빚어져 우주와 같은 초월적 분위기를 조우한다. 예를 들면 크리스토퍼 놀런 감독의 영화 <인셉션>에서는 꿈속과 현실의 시간 차이를 다루고, <인터스텔라>에서는 우주와 지구의 시간 차이를 통해 개인의 주관적 시간의 흐름과 물리적 시간의 흐름이 다르다는 사실을 보여준다. 그러면서도 거대한 스케일을 통해 심리적 압박과 긴장감을 유지하게 하는 장면들을 잘 담아 전달한다. 라운지의 공간 역시 재료의 물성과 스케일을 다루어 압도적 분위기를 만들어내고, 그 안의 사람들에게는 점유하는 영역을 넓혀주고 시간을 감지할 수 없도록 했다.

투박하지만 자세히 보면 세밀함이 많은 건축을 만들어야겠다고 생각했다.

조명에 따라 다양한 분위기를 연출할 수 있다.

재료의 물성과 스케일을 다루어 압도적 분위기를 만들어냈다.

전체 공간은 두 개의 섹션으로 나뉘는데, 홀에 들어서면 기둥을 기준으로 오른편에 있는 라운드 테이블이 공간에 고유한 흐름을 만들어내는 동시에 무게감을 부여한다. 그리고 강연장은 흙으로 만든 벽과 천장의 곡면 루버 사이로 퍼지는 빛이 만나 신비로움을 자아내며 황홀한 색의 향연을 이룬다. 이런 재료는 홍티의 브랜드 정체성과 내러티브의 표현이다.

빠른 속도감의 감각이 아닌 여유롭고 편안함을 느낄 수 있는 공간이어야 했다.

자연의 켜를 만드는 공간, 서프 하우스

자연의 켜를 만드는 공간,
서프 하우스

재료는 결국 디테일로 연결된다. 성벽의 돌은 제각각 다른 크기와 형태지만 비슷하게 쌓여 있다. 현시대의 대량생산 체제에서 모듈러 기반으로 생산해온 자재를 통해 건축의 모습은 가로세로의 선을 지켜야 하며, 억지로라도 그러해야 한다라는 강박관념 속에서 결속되고 있다. 이는 비용과 생산성에 결부되는 이야기지만 모두가 꼭두각시와 다름없는 룰을 지키며 고정관념이 되어 건축 재료를 만들어내고 있다. 나는 재료의 본질을 가공하여 결합하는 방식과 공간이 내포하는 형태에 따라 달라질 수 있다고 생각한다. 또한 표면에 있는 빛과 그림자를 통해 깊이감이 생기고 그 안에 이야기를 담는 역할을 할 수 있다. 손길은 자를 대지 않고 줄을 긋는 것이 더욱 자연스럽고 편안함을 준다고 생각한다. 한 장의 매끈한 재료가 아닌 석재나 목재를 활용해 덧댈 수 있으며, 하나가 아닌 여러 켜를 가진 더블 스킨일 수도 있으며, 테라스를 통해 깊이가 다른 볼륨을 지닌 공간을 구현할 수도 있어 겹쳐진 풍경을 보여주게 된다.

바다 인근에 위치한 지리적 특성을 고려해 내구성과 유지 관리가 용이한 마감재를 선택했다.

밋밋한 벽처럼 보이지만, 시간과 계절에 따라 골의 깊이가 달라져 여러 표정을 갖게 된다.

서프 하우스가 자리한 양양 죽도해변 일대는 서핑 문화를 선도해온 지역인 만큼 볼거리와 즐길 거리가 풍부하다. 대나무가 많은 섬 죽도를 사이에 두고 2km의 백사장이 길게 펼쳐진 채 인구해변과 나란히 놓인 이곳은 울창한 숲과 더불어 각양각색의 펍, 서핑 숍, 카페 등을 통해 고유한 경관을 형성하고 있어 건축주 부부는 이곳에 집을 짓기로 했다.

바다 인근에 짓는 건축은 지리적 특성상 염분에 유의해야 한다. 내구성과 유지 관리에 용이한 마감재를 선택해야 건물이 거친 환경 속에서 온전하게 존재할 수 있다. 이러한 이유로 해안가의 건축은 주로 돌, 콘크리트, 알루미늄 등 원재료를 사용하는데, 단일한 소재의 질감을 고려한 끝에 노출 콘크리트를 적용했다. 다만 주변 환경과는 다소 이질적인 매끄러운 마감 대신 빼곡한 나무 숲의 줄기나 파도의 넘실대는 불규칙한 선형을 표현할 수 있는 패턴을 만들었다. 토목용 거푸집을 활용해 20mm 폭과 높이의 삼각 줄이 수직으로 이어지도록 구현했다. 울퉁불퉁하던 면은 시간이 흐르면서 보다 자연스러운 변화를 담아낸다. 자연환경으로부터 필연적으로 나타나는 흔적을 거칠지 않게 받아들이는 것이다. 또한 재료의 패턴과 깊이는 빛에 따라 다양한 입면을 만들어낸다. 빛을 받을 때 그림자가 생기는 면과 아닌 면 사이의 시간차가 발생하면서 매시간 맺히는 빛에 따라 건물의 인상이 달라진다.

세컨드 하우스 겸 게스트하우스를 염두에 두고 설계를 의뢰한 건축주의 요구 사항은 단순했다. 부부가 사용할 방과 게스트가 디따금 머물 공간, 공용 주방을 갖춘 집이었다. 간결한 바람은 건물 내외부에 그대로 반영됐다. 가령 단출한 구성의 2층 건물인 점이 그 뜻을 내비친다. 4층까지 건축이 가능한 대지였음에도 적정한 쓰임을 고려해 2층에서 그쳤다. 1층은 주방과 게스트룸, 2층은 부부 전용공간이다. 매일같이 더무는 곳이 아니기에 방은 최소한의 기능만 충족하도록 계획했다. 실외에 독립적으로 배치한 주방은 세컨드 하우스의 비일상성과 특수성을 고려한 모험적 장치다. 도시에서 벗어나 다른 삶을 향유하는 데 목적이 있는 세컨드 하우스는 편리함에 초점을 맞춘 공간이 아니므로 방과 주방이 붙어 있지 않아도 무방했다. 중정과 안뜰 사이 일종의 경유지로 놓인 주방은 자연과 만나는 길이자 타인과 교류하는 커뮤니티 공간으로 기능한다.

건축에서 표면의 깊이를 이야기할 때 대부분 입면에 대한 이야기라고 생각할 수 있지만, 표면 뒤에 다른 공간이 있다. 그 공간 너머 양피지 같은 여러 결의 공간이 있는 것이다. 그 공간은 계절에 따라 다르고 조명의 색, 높이, 공간 사용 방법 등에 따라 달라진다. 예를 들면 밤가시 초가집은 좀 특별하다. 한옥의 배치 방식 중 이곳은 본채와 별채를 ㄷ자로 구성해 지붕을 하나로 이어 중정을 만들었다. 대문 밖에서 볼 때는 예상 가능한 초가지붕의 집이겠지만, 지붕을 이어서 우물 같은 하늘을 만들어놓았다.

밤가시 초가집처럼 서프 하우스도 중정을 중심에 두었다. 주 출입구를 통해서 중정에 들어서면, 주방과 게스트룸, 2층으로 이동할 수 있다. 또한 진입 마당, 중정, 안뜰 3개의 마당이 연결되어 있다. 이러한 배치는 자연환경과의 접점을 늘리도록 유도했다. 실내외가 동떨어진 상태가 아니라 안에서도 바깥을 충분히 즐길 수 있도록 했다. 서프 하우스는 자연에 둘러싸여 도심 속 정주하는 집과는 구분되는 휴식을 위한 두 번째 집이다.

빼곡한 나무 숲의 줄기나 파도의 넘실대는 불규칙한 선형을 표현할 수 있는 패턴을 만들었다.

중정을 통해 주방과 게스트룸, 계단으로 연결된다.

노출 콘크리트의 울퉁불퉁하던 면은
시간이 흐르면서 보다 자연스러운
변화를 담아낸다.

세컨드 하우스의
비일상성과 특수성을
고려해 공간을 배치했다.
1층은 주방과 게스트룸,
2층은 부부 전용
공간이다. 중정과 안뜰
사이에 놓인 주방은
자연과 만나는 길이자
타인과 교류하는
커뮤니티 공간으로
기능한다.

2층을 통해서만 나갈 수 있는 데크는 멀리 바다가 보일 수 있게 만들었다.

표면에서 한 겹 지나 만나는 중정은 계절에 따라, 사용 방법에 따라 분위기가 달라진다.

자연이 쌓이다

시간과 재료의 적층,
리틀아씨시

시간과 추억이 만든 새로움,
고라디집

오래된 시간과 현재의 시간이 만나다,
시간의 여백

새로운 건축은
어떻게 시간을 담아 원래 도시와
조화를 이루었을까?

내가 만드는 건축이 완성되었을 때 새것 같은 느낌이 아니었으면 좋겠다고 생각한다.
건축물을 짓는 과정에서도 구조의 기초부는 마치 뿌리를 내리는 나무와 같이 잎사귀가 사계절 변화를 겪으며 우리에게 매번 다른 풍경을 보여주고 있듯 건축도 자연과 함께 동화되는 것이라 생각한다. 그래서 건물에도 적당히 때가 타길 원한다. 나는 종종 마감 단계에 현장에 나가 이물을 직접 묻히기도 한다. 건축 사진을 찍을 때도 준공하자마자 촬영하면 어색한 느낌이 든다. 잡초도 자라지 않고, 건물도 너무 깨끗해 땅과 건물 벽이 만나는 모습이 어색하게 느껴진다. 1년이 지나도 쉽게 망가지지 않게 하는 것은 건축가의 디테일과 기술력의 기본기라 할 수 있다. 하지만 변화를 예측하고 적당히 자연스러워지는 것, 삶의 흔적을 느낄 수 있게 하는 것이 좋은 설계라고 생각한다.
준공 직후 건축주는 안뜰에 어닝을 설치하고 옆집 담장에 대나무 발을 설치해 좀 더 친숙한 공간을 연출했다. 이 공간을 꾸민 뒤 내가 하지 못하는 것을 해냈다며 자랑하기도 한다. 거기에 사람들이 사용하면서 집기류가 놓이고 뭔가 보수를 한 흔적들이 더해지면서 그것이야말로 신선한 건축의 모습이 아닌가 싶다.

시간이 지남에 따라 자연스러운 모습을 가지는 건물이 되도록 설계하고 공사 중에도 그러한 모습을 만들기 위한 태도를 이어가고 있다. 건축 공사에서 각 공정을 거치는 중에는 신경이 덜 쓰이지만, 외부 마감을 하고 대지 즈변을 정리해나가면서 땅과 만나는 자리나 마감 중에 손때가 묻는 것이나 비바람에 흔적이 쌓여가는 것들이 이미 시간을 덧씌우는 과정이라고 생각한다.

시간과 재료의 적층,
리틀아씨시

시간과 재료의 적층,
리틀아씨시

세월이 지나다 보면 최초의 모습은 사라지고 과거의 흔적이 적당히 남아 있곤 한다. 때론 새로운 재료를 덧씌우기도 하고, 그 속에서 모호함이 보이기도 한다. 과거는 늘 어제부터이고 미래는 내일부터라고 하고, 이 공간을 벗어나면 오랜 시간 대지 위에서 있던 건축과 자연이 동화되는 모습을 볼 수 있다. 리틀아씨시는 공유부엌이라는 테마 아래 성북동의 노후화된 주택을 재건축했다.

몇 년 전 아씨시를 방문한 건축주는 성북동 마을의 낡은 집을 리모델링해 여행에서 느낀 감정을 담고 싶었다. 아씨시(Assisi)는 이탈리아 중부 지역의 소도시로, 밝은 색감의 석재를 쌓아 만든 건물이 많기로 유명하다. 낡은 집을 리모델링한 공유 부엌 '리틀아씨시'의 이국적인 느낌은 이러한 마음에서 비롯했다. 아씨시를 연상시킬 재료를 사용했는데, 그래서인지 인근에서 보기 어려운 신선한 디자인이 눈에 띈다. 또한 공유 부엌으로 쓰기 위해 방을 모두 철거해 넓은 공간에서 조리와 식사가 가능하게 했다.

별장에서 가정집, 사진관 등을 거친 흔적이 고스란히 남겨져 있었다.

성북동은 한양도성 밖 북쪽에 있는 마을로 광복 이후 당시에 풍치지구로 지정되어 이 일대에 별장이 많이 조성되었다. 리틀아씨시 또한 별장으로 사용하던 곳으로 언덕에 위치해 당시에는 이 집 아래로 한옥마을이 있고, 맞은편에 한양도성의 동쪽이 한눈에 들어올 정도로 시야가 개방되어 있었다. 1960년에 지어진 이 집은 높이 4m가 넘는 언덕길에 위치해있어 석축으로 기단을 축조했다. 시멘트 벽돌 위에 벽돌을 쌓고 미장을 했다. 벽지는 7장이 겹겹이 붙어 있었다. 천장 구조는 우리의 전통 양식이 아니라 처음 조성된 시대를 반영하듯 일제 양식이었다. 구조물을 보강해가면서 집을 수리하기 시작했다. 건축주 역시 이 집과 성북동 마을에 애착이 있었고 이 집을 철거하고 신축을 하려다, 마을 사람과 함께하는 공간이기에 많은 이에게 이 집과 성북동을 알리는 공간으로 이용되길 바랐다.

있던 것을 잘 보전하고
현대의 가치관이 융화되는 방식은
새로움의 하나라고 생각한다.

60년이 지난 시점에 성북동 주택을 리모델링하면서 기존 재료와 새로운 재료가 만나는 지점을 항상 고민하게 되었다. 건축의 주요 재료와 입면 디자인을 두 가지 관점으로 계획했다.

첫 번째로 골목길에서 보이는 측면의 경우 벽돌(몽블랑)을 적용해 오랜 시간의 깊이를 가진 물성과 분위기를 담아냈다. 주변 집들도 벽돌과 타일로 마감되어 있어 골목길 분위기와 잘 어울리며, 마치 오래된 과거와 미래가 관조적 태도로 공존하는 듯한 모습이다. 의뢰인의 요청대로 골목길에 접한 입면은 이탈리아 순례 지방인 아씨시 마을의 분위기를 내주는 재료와 구조를 선정해 디자인적으로 새로움을 줄 수 있었다.

두 번째로는 골목길로 들어서는 원경에서 보이는 정면을 새로운 재료인 시다쉐이크(적삼목)로 계획했다. 언덕에 위치했기에 석축으로 만든 기단과 그 위에 올린 벽돌 난간이 골목 어귀에서도 눈에 띄었다. 파편이 조합되어 자연스럽게 재료의 시간을 축적하듯 새로운 입면의 재료 또한 그러한 방식이어야 했다. 따라서 기존 재료의 구법에서 착안해 정면과 지붕을 시다쉐이크로 시공했다.

아씨시 마을의 분위기를 내는 재료와 구조를 선정하여 디자인적으로 새로움을 주었다.

1 기존 벽돌 구조
2 기존 목재 구조
3 기존 벽돌
4 몽블랑 벽돌
5 붉은 벽돌
6 시멘트 벽돌
7 시다쉐이크
8 철골구조

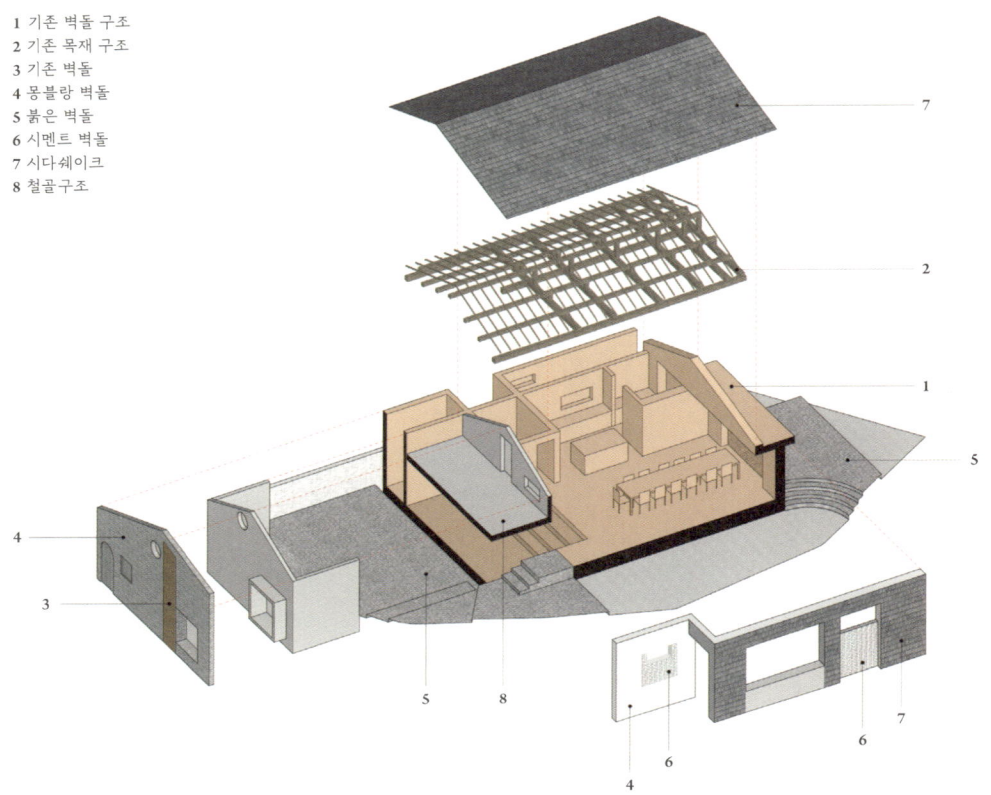

1960년에 별장이던 곳은 이후로 가정집이었다가 사진관 그리고 화원으로 운영되고 2020년부터 모두를 위한 공유 부엌으로 용도를 변경했다. 공유 부엌으로 운영되기에 계획상 마당의 대문과 담장을 일부 철거해 차량 두 대가 들어갈 정도의 골목길과 연계되는 공유 마당을 확보했다. 내부 방이 있던 곳은 모두 철거하고 보강해 주방과 거실을 최대 영역으로 확보하고 한 곳에서 스킵플로어 구조로 진입이 가능한 응접실과 방을 두었다. 공유 부엌의 성격을 강조하기 위해 벽부형 싱크와 아일랜드형 싱크를 두고 중앙 거실의 긴 테이블과 연계되도록 했다. 서울의 성북동에 일본식 천장 구조와 이탈리아의 아씨시 감성을 일부 차용해 만든 파사드와 한국 전통의 너와 지붕을 연상케 하는 시다쉐이크를 통해 복잡한 시공간의 양식이 집결된 집으로 마무리했다.

마감재로 사용한 시다쉐이크에 오일 스탠을 바르지 않아 검게 변했다. 건축주는 붉은색이 유지되길 원했지만 바르지 않았다. 색이 점점 탁해지더니 지금은 색소침착이 되어 고택처럼 되어버렸다.

새로움을 보여주는 것이 건축의 목적은 아니라고 생각한다. 새로운 것보다 오래된 것이 더욱 현대적이며 현대인에게 풍요로운 인상을 줄 수 있다고 여긴다. 지금까지 없었던 것은 새로움이라는 가치관과 다른 이야기다. 있던 것을 잘 보전하고 현대의 가치관이 융화되는 방식도 새로움의 하나라고 생각한다.

방으로 구분되어 있던 공간은 모두 철거하고 주방과 거실을 최대 영역으로 확보했다.

시다쉐이크에 오일 스탠을 바르지 않아 색이 점점 탁해지더니 지금은 색소침착이 되어 고택처럼 되어버렸다.

시간과 추억이 만든 새로움,
고라미집

시간과 추억이 만든 새로움,
고라미집

자연의 선형을 닮은 마당은 그대로 살리되 실 구성에는 변화를 주었다.

건축가가 작업한 리노베이션 건축을 보면 꽤 담대하며 새로운 모습을 디자인으로 보여주고 있다. 이는 건축의 맥락 혹은 구조만 남긴 채 다른 것을 대신하는 방법으로, 대비를 통해 만드는 신축에 가까운 형식이다. 오히려 이런 방식의 리모델링 작업은 모두가 비슷하게 보이는 결과를 초래해 이제는 신선함을 느끼기 어렵다. 오히려 세세한 방식으로 신축인지 오래된 건물을 리노베이션했는지 모르게 만드는 방식이 더 신선하다고 생각한다. 이것은 기존 건축이 역사적으로 축적해온 많은 부분을 지우고 새로움을 만드는 것보다 지금까지의 가치관을 남기는 동시에 새로운 가치관을 쌓아가는 능력을 넓히는 것이라고 생각한다.

터를 잡고 살며 50여 년의 세월을 함께해온 주택을 새롭게 고쳤다. 현재는 '고암동'이라 불리는 충북 제천의 한 마을로, 옛 지명은 고라미(고래미) 마을이다. 건축주 부부는 최근까지 성남 분당의 아파트에 살며 활발한 사회활동을 통해 도심 생활에 익숙한 라이프스타일을 보내고 있었다. 그러다 남편이 연로한 어머니를 모시며 2,500평이 넘는 땅에 콩과 오미자를 심어 가꾸고자 5년 전에 제천으로 옮겨 살게 되었다. 아내는 어린이집을 운영하며 여전히 아파트 생활을 하고 있지만, 주말이면 고라미집에 내려와 시간을 보내며 주말부부로 생활하고 있었다. 설계 의뢰받고 제천집으로 찾아간 날, 가족들과 집 뒤에 있는 산에 올라 집과 주변 마을을 내려다보며 풍경을 감상했다. 초겨울 낮 동안 마당에서 가족들의 환대를 받으며 오미자차와 고구마를 먹으며 집에 얽힌 추억 이야기를 들었다. 옛집의 모습을 그대로 유지하며 고치고 싶지만 필요로 하는 공간을 담을 수 있을지 등 여러 이야기를 듣던 중에 해가 저물면서 선선한 바람이 불고 햇살이 지붕너머로 깊게 들어왔다.

현대건축에서 디테일은 치밀해야 하고 정교할수록 멋질 수 있지만 깨달음을 주는 토속적인 요소들 앞에서는 무용지물이다. 이 집은 조선 시대의 양식을 따르는 우리가 알 만한 양식의 한옥집은 아니다. 삐뚤빼뚤한 소나무를 켜서 얼기설기 쌓아 만들어놓았다. 치밀한 구석은 이 집 어디에도 없다. 콕 집어 얘기하고 나니 마치 엉망인 집을 만지는 듯하겠지만, 결코 그렇지 않다. 이 집을 처음 본 순간에는 그런 세세한 부분은 눈에 들어오지 않고 가옥에서 풍기는 편안함과 마당을 비켜 지나가는 빛과 바람만 느껴졌다. 토속적 요소들은 자연의 선형을 닮아 세월의 흔적과 함께 자연스럽게 공간의 분위기를 전해주고, 두 채의 깊은 처마는 어디서도 볼 수 없는 특별한 정취를 지닌 마당을 그려내고 있었다.

기존 집은 긴 세월을 보낸 오래된 농가인지라 유독 질서가 없을 정도로 구조가 어수선했다. 지붕 구조 틀 아래 평천장은 시멘트와 흙벽, 두 겹으로 시공해 기둥을 무겁게 짓누르고 있었다. 외부의 흙벽 역시 기울어 있어 구조용 파이프로 고정해가며 철거했지만, 일부가 무너지기도 했다. 목재가 휘어지고 흙벽도 여기저기 배가 불러 있어 촘촘한 구석은 없었지만, 편안하면서도 독보적인 분위기를 풍겨 그냥 허물기에는 아까운 집이었다. 마당은 빛과 바람이 지나가고 자연의 선형을 닮아 무척이나 자연스럽고 토속적인 매력이 있었다. 이곳에서 어린 시절을 보낸 건축주 남편도 손주들과 함께 이곳을 찾을 정도로 옛집에 애정을 품고 있었다. 건축주 부부가 생활하기에도, 자녀들이 와서 머물다 가기에도 신축하는 편이 더 유리했지만, 옛집의 풍경을 고이 간직하기 위해 리모델링을 결정했다. 그렇게 옛집에서의 추억과 기억을 소중히 여기는 건축주와 무조건 허물고 새로 짓기보다 생활의 편리함은 보장하되 옛집의 감성은 그대로 살리고자 설계를 시작했다.

기존 집은 긴 세월을 보낸 농가 주택이라 어수선했다. 그러나 독보적인 분위기를 풍겨 부수기엔 아까운 집이었다.

무엇을 비우고 드러낼지, 무엇을 남기고 덧씌울지 고민했다. 옛집은 각각 형태도 다르고 역할도 다른 ㄱ자 본채와 ―자 행랑채가 ㄷ자 형태로 마당을 에워싸는 형태로 배치돼 있었다. 이를 그대로 살리되 실 구성에는 변화를 주었다. 기존에 방 3개가 있던 본채는 방 1개를 거실로 변경했고, 채광을 위해 창을 내다보니 기존의 모습을 그대로 유지하기 어려웠다. 본채 거실과 주방은 ㄱ자 공간의 연결부에 배치했고 양 끝단에 방 2개를 구성했다. 기존 천장의 서까래를 유지하며 합판을 그 위에 얹은 뒤 단열재를 설치했기에 거실과 주방은 하얀 벽면을 양쪽에 두고 높은 천장을 갖게 되었다. 창고로 사용하던 행랑채는 방 1개와 욕실 1개만 구성하면 되었기에 매력적인 질감과 흔적을 유지할 수 있었다. 행랑채는 길에서 마주하는 주택의 첫인상이 될 수 있게 했고, 게스트 공간으로 활용할 수 있도록 바꾸었다. 행랑채는 도로로부터의 시선을 차단하면서 주택을 적당히 보호하는 담장 역할도 겸한다. 마당은 동쪽을 향해 시야가 시원하게 개방돼 바람이 드나드는 길이었다.

50년이 넘은 서까래와 행랑채의 창고 문은 세월의 멋이 느껴져 그대로 살렸고, 본채에 있던 기존 구들장도 마당에 조경석으로 활용했다. 원래 있던 서까래도 남겨둔 채 그 위를 합판으로 겹겹이 덮어서 시공했다. 삐뚤빼뚤한 나무와 유사하게 얹혀 기존 모습과 조화롭게 만들기 위해서다. 넘실대는 형상의 지붕은 금속 틀을 기존 목구조를 피해 설치했다. 지붕의 외부 마감재로는 천연 슬레이트를 시공해 설계 계획 의도와 다른 재료의 설치 방식을 경험해가며 지붕의 재료 패턴을 결정하면서 만들었다. 이렇게 어긋나게 자리한 두 채를 지붕이 하나로 이어준다. 뒷산의 능선을 닮아 여러 경사를 가진 지붕은 묵직하게 집 위에 눌러앉은 모양새다.

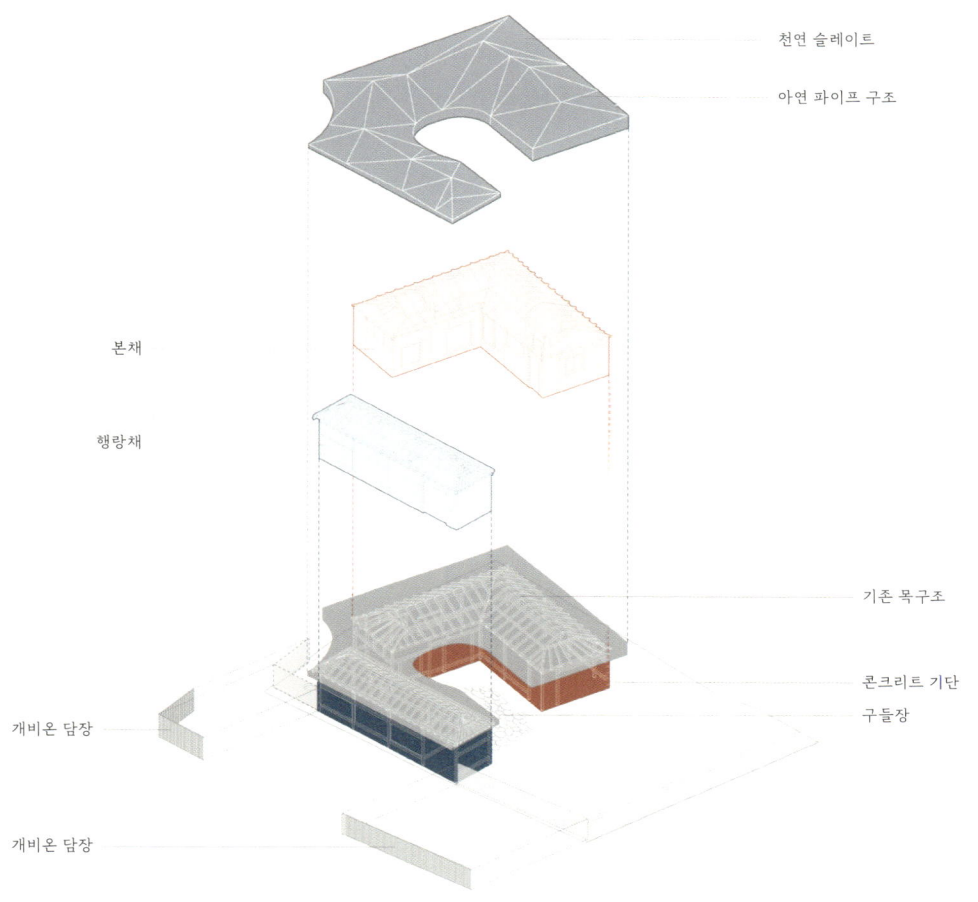

오랜 시간 대지 위에서 있던 건축
그리고 자연과 동화되고 있는 것들이 보여주는
모습과 현상들을 새로운 재료를 통해서
디테일하게 탐구하다 보면
신선한 가치관을 담을 수 있다.

길에서 보이는 집의 모습, 입구에서 마당으로, 마당에서 집으로 이어지는 장면과 마당이 외부로 열리는 풍경에 주목해본다. 건축구법과 양식, 재료 측면에서 전통적 방식과 현대적 방식이 조화롭게 어우러진 모습이다. 드러내고 덧씌우며 오랜 시간 쌓아온 고라미집과 땅의 잠재력은 과거로부터 현재, 나아가 미래까지 이어질 것이다.

오랜 시간 대지 위에서 있던 건축 그리고 자연과 동화되고 있는 것들이 보여주는 모습과 그런 현상들을 다시 새로운 재료를 통해서 디테일하게 탐구하다보면 어느덧 신선한 가치관을 담고 있을 거라고 생각한다. 기존 재료와 새로운 재료 또는 기존 모습과 새로운 모습의 시간 차이를 깊이 있게 들여다보는 것들에 대해 앞으로도 변함없이 탐구해나갈 것이다.

기존 천장의 서까래를 유지하며 합판을 그 위에 얹은 뒤 단열재를 설치했기에 거실과 주방은 높은 천장을 갖게 되었다.

건축구법과 양식, 재료 측면에서 전통적 방식과 현대적 방식이 조화롭게 어우러져있다.

오래된 시간과 현재의 시간이 만나다,
시간의 여백

오래된 시간과 현재의 시간이 만나다,
시간의 여백

왕십리는 뉴타운 개발로 도시를 재정비하고 새로운 사람들이 모여 살며 아파트라는 주거 문화가 거대하게 자리 잡았다. 뉴타운의 경계와 기존 왕십리의 도시적 맥락은 대로를 사이에 두고 병치되어 있다. 이번에 계획한 건물은 왕복 6차선 도로에 맞닿아 있다. 5층 건축물(이하 W1)이 왕십리 대로에 있고 뒤이어 1층 한옥(이하 W2)이 나란히 놓여 있다. 우리의 계획은 건물과 건물 사이 계단실을 외부 골목길처럼 만들어 기존 맥락을 이어주고 새로운 프로그램을 융합해 도시의 흐름을 연결하고자 했다.

이곳은 1949년에 W2가 먼저 조성되고 1968년 대로변에 W1을 증축한 경우다. 그래서 현재 건축주도 한 필지 두 건물을 매입하게 되었다. 각각 주택과 상가로 쓰임이 달랐고, 목구조와 콘크리트 구조라는 점을 고려해 리모델링을 시작했다.

이번 프로젝트를 '시간의 여백'이라 부르는 것은 한옥과 상가 건축물의 재해석을 통해 과거와 현재, 전통과 현대가 만나는 공간을 의미한다. 이는 한옥의 기와와 단청, 목구조의 전통적 요소와 상가 건축의 현대적 디자인이 조화를 이루며 시간의 흐름 속에서 새롭게 해석된 여백을 상징하고, 공간에서 느껴지는 여유로움과 시간을 초월한 아름다움을 강조한다. 건물의 외관 역시 전통적 기와와 현대적 건축 재료가 균형을 이루고, 내부의 한옥 공간은 빛과 그림자가 만들어내는 특유의 분위기를 통해 시간을 초월한 여백의 미학을 보여준다.

지로체1공: 드로잉웍스

계단실 정비와 입면
디자인만 작업 범위였기에
도시 맥락을 고려하기
어려워 기와를 모티브로
입면을 재해석하는
방식을 선택했다.

건물과 건물 사이 계단실을
외부 골목길처럼 만들어 기존
맥락을 이어주고 새로운
프로그램을 융합해 도시의
흐름을 연결하고자 했다.

자료제공: 드로잉웍스

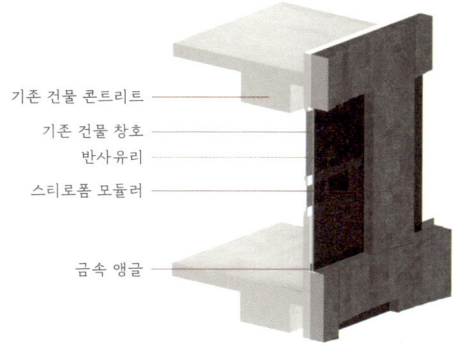

기존 건물 콘크리트
기존 건물 창호
반사유리
스티로폼 모듈러
금속 앵글

노후화된 W1은 임차인이 있는 상태에서 리모델링을 시행했다. 정면 디자인을 모듈화해 공장에서 제작한 후 현장에서 설치하는 방식으로 진행했다. 정면은 한옥의 기와지붕을 연상하도록 디자인했다. 재개발 이전에는 수많은 한옥이 밀집해 있던 곳이었고, 뒤편에 먼저 지은 한옥의 기와가 매력적이어서 새로운 건축은 과거의 모습을 추상화하는 전략을 취했다. 계단실의 정비와 입면 디자인만 작업 범위였기에 도시 맥락을 고려한다 해도 연결될 만한 이야기가 없었다. 단지 바로 뒤 한옥에서 사라질 기와의 기억을 디자인으로 재해석하고, 리모델링을 통해 새로운 흐름으로 인식되길 바랐다.

반면 W2는 주변에 높은 건물들이 들어서면서 움푹 파여 그늘지고 습한 환경에 놓여 있었다. 주변 건축물에 갇힌 한옥은 외부와의 개방성을 잃은 상태였다. 사방이 막혀 있지만 지붕을 통해 하루 종일 햇빛이 가득 들어오고, 건물 틈 사이로 바람이 잘 통했다. 이러한 환경을 고려해 주변 건물로부터 1m 이상의 간격을 두고, 지붕을 여러 개의 판으로 나누어 각 판 사이로 빛이 들어오도록 설계하면 쾌적한 환경을 조성할 수 있을 것이라고 생각했다. 마치 울창한 숲을 걷거나 구름 사이로 한 줄기 빛이 내리쬐는 장면을 상상했다.

노후화된 W1은 임차인이 있는 상태에서 리모델링을 시행했다. 정면 디자인을 모듈화해 공장에서 제작한 후 현장에서 설치하는 방식으로 진행했다.

주변 건축물에 갇힌 한옥은 외부와의 개방성을 잃은 상태였다. 주변 환경을 고려해 지붕을 여러 개의 판으로 나누고 빛이 들어오도록 설계했다.

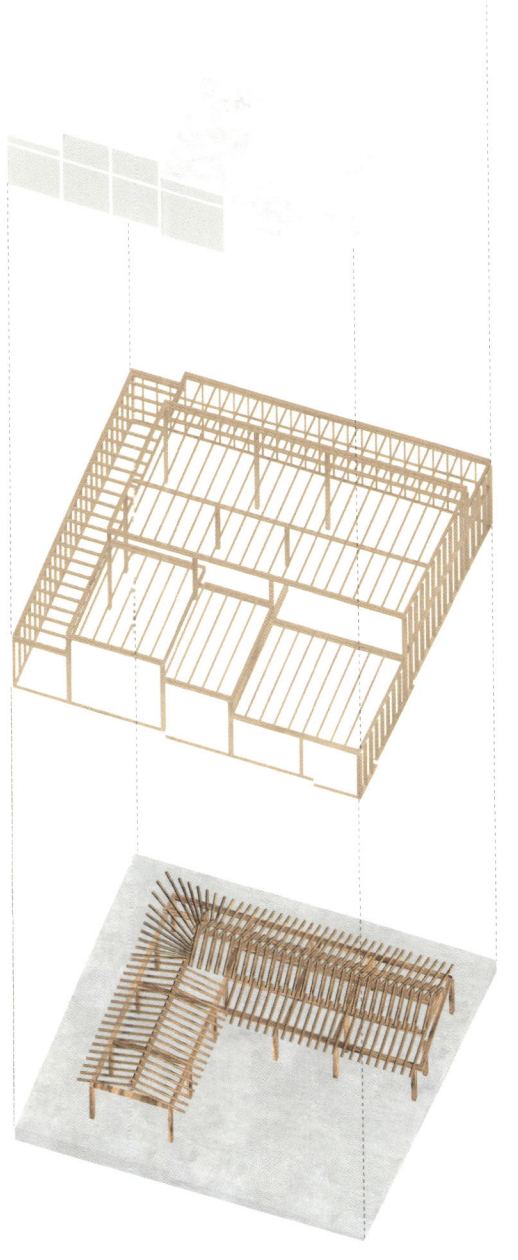

이런 유사한 분위기를 내는 장소로 창덕궁이 떠올랐다. 창덕궁의 처마는 높이가 다르고 궁궐이 겹겹이 쌓여 보인다. 처마의 높이는 품격이 높은 것에서 낮은 것 순으로 배치되어 있는데, 이는 건물들의 신분과 위계질서라고 볼 수 있다.

창덕궁처럼 W2의 지붕 높이를 달리해 빛으로 공간을 재해석하고, 빛과 바람이 건축과 어우러지며 새로운 형태의 공간을 창출했다. 처마 사이의 틈은 마치 나뭇잎 사이로 스며드는 빛과 같다.

오래된 것이 더욱 현대적일 수 있다고 생각한다. 오래된 건물은 리노베이션을 통해 상업 시설의 가치를 높일 수 있어 대로변 건축에는 어떤 모습과 태도가 필요한지 전략이 필요했다. 중국 건축가 네리앤후(Neri&Hu)처럼 리노베이션과 새 건축물을 섬세하게 작업해 구분하기 어려운 사례는 신선하게 다가온다. 나도 그들처럼 공간에서 느껴지는 여유로움과 시간을 초월한 아름다움을 강조하고 싶었다. 과거와 현재는 전통적인 기와를 재해석해 조화를 이루고 내부 공간은 빛과 그림자가 만들어내는 다양한 분위기를 통해 시간을 초월한 여백의 미학을 나타낸다.

한옥의 기와와 단청, 목구조의 전통적 요소와 상가 건축의 현대적 디자인이 조화를 이루며 시간의 흐름 속에서 새롭게 해석된 여백을 상징한다.

과거와 현재는 전통적 기와를 재해석해 조화를 이루고 내부 공간은 빛과 그림자가 만들어내는 다양한 분위기를 통해 시간을 초월한 여백의 미학을 나타낸다.

흐르는 풍경

설계 담당 김영배
위치 경상남도 거제시 남부면 다포리 산38-142
용도 공원 휴게 시설(전망대)
대지 면적 7,749m²
건축 면적 59.33m²
규모 3,100m(W) × 17,200m(L)
구조 철근콘크리트 구조 + 철골 구조
최고 높이 2.5m
외부 마감 T24 물방울 데크목, 환봉, 접합 유리
구조 설계 SH 구조기술사사무소
시공 창미이앤지
설계 기간 2018. 03. ~ 2018. 09.
공사 기간 2019. 01. ~ 2019. 03.
발주처 거제시
사진 이한울

한 사람을 위한 집

설계 담당 김영배, 황수아
위치 충청북도 영동군 상촌면 고자리 437
용도 단독주택
대지 면적 670m²
건축 면적 38.39m²
연면적 59.26m²
규모 지상 2층
주차 2대
높이 6.7m
건폐율 5.73%
용적률 11.30 %
구조 경량목 구조 + 철근콘크리트 구조(기초)
외부 마감 모노쿠시
내부 마감 자작나무, 친환경 규조토, 원목마루
구조 설계 은구조기술사사무소
기계 설계 연엔지니어링
전기 설계 연엔지니어링
시공 아날로그 아틀리에(류재호)
설계 기간 2018. 10. ~ 2019. 02.
시공 기간 2019. 04. ~ 2019. 07.
건축주 이재훈
사진 김재경

홍티 라운지

설계 담당 석진주, 서현지
위치 서울특별시 서대문구 신촌역로16(대현동)
용도 강연장
면적 210m²
내부 마감 흙 다짐, 스타코 룸칠, 워터 웨이브
시공 공정도가
설계 기간 2023. 02. ~ 2023. 04.
시공 기간 2023. 03. ~ 2023. 07.
건축주 홍티
사진 윤준환

서프 하우스

설계 담당 김영배, 이정환
위치 강원도 양양군 양양읍 현남면 두리 1-12
용도 단독주택
대지 면적 432m²
건축 면적 77.63m²
연면적 99.16m²
규모 지상 2층
주차 1대
높이 8.4m
건폐율 17.97 %
용적률 22.95 %
구조 철근콘크리트 구조
외부 마감 노출콘크리트
내부 마감 슈퍼파인 페인트, 포세린 타일
구조 설계 인러이앤씨
기계 설계 주성이앤씨
전기 설계 주성이앤씨
시공 태경건축(송준활)
설계 기간 2020. 04. ~ 2020. 08.
시공 기간 2020. 09. ~ 2021. 07.
건축주 박병준
사진 윤준환

리틀아씨시

설계 담당 김영배, 이정환, 정찬슬
위치 서울특별시 성북구 성북로14길 28
용도 단독주택(공유 부엌)
대지 면적 281m²
건축 면적 76m²
연면적 76m²
규모 지상 1층
주차 1대
높이 4.2m
건폐율 26.69 %
용적률 26.69 %
구조 연와조
외부 마감 시다쉐이크, 스타코
내부 마감 나왕합판, 스타코, 타일
기계 설계 드로잉웍스
전기 설계 드로잉웍스
시공 인디자인플러스
설계 기간 2019. 12. ~ 2020. 01.
시공 기간 2020. 02. ~ 2020. 04.
건축주 리틀아씨시
사진 김재경

고라미집

설계 담당 배수은, 석진주
위치 충청북도 제천시 고암동 93-1
용도 단독주택
대지 면적 461.00m²
건축 면적 115.41m²
연면적 105.43m²
규모 지상 1층
주차 1대
높이 6.2m
건폐율 25.03 %
용적률 22.87 %
구조 목구조 + 경량철골 구조
외부 마감 스타코롬칠
내부 마감 수성페인트
구조 설계 인러이앤씨
기계 설계 진경
전기 설계 이플랜이앤지
시공 인디자인플러스
설계 기간 2021. 12. ~ 2022. 02.
시공 기간 2022. 02. ~ 2022. 07.
건축주 권희근, 송민희
사진 윤준환

시간의 여백

설계 담당 석진주, 서현지
위치 서울특별시 성동구 왕십리로 363-1
용도 근린생활시설
대지 면적 298.00m²
건축 면적 172.43m²
연면적 552.98m²
용적률 산정용 연면적 552.98m²
규모 지상 5층
높이 14.7m
건폐율 57.86 %
용적률 185.56 %
구조 목구조 + 철근콘크리트 구조
외부 마감 스타코, 폴리카보네이트
내부 마감 스타코, 합판
구조 설계 일맥구조연구소
기계 설계 진경
전기 설계 이플랜이앤지
시공 공정도가
설계 기간 2023. 10. ~ 2024. 01.
시공 기간 2024. 01. ~ 2024. 05.
건축주 전춘섭
사진 윤준환

김영배

김영배는 2018년 드로잉웍스를 설립해 자신의 건축 작업을 시작했다. 갑자기 떠오르는 건축적 발상에 기대어 작업하기보다는 대지에 내재해 있는 잠재력을 발굴하고 지역성을 토대로 자연스러운 풍경을 만들어 나간다. 설계와 제작의 긴밀한 협업 체계를 중요하게 여겨 디자인-빌드 오피스로 프로젝트를 완성하고 있다.

tdws.kr

자연스레

초판 1쇄	2024년 6월 26일
지은이	김영배
기획·편집	공을채
디자인	그래픽스튜디오베이스
펴낸곳	바이블랭크(@by___blank)
출판등록	2022년 3월 4일 / 제2022-000024호
주소	서울시 성북구 아리랑로 6다길 6
이메일	byblank.byeditor@gmail.com
ISBN	979-11-979226-3-3 (93540)
값	22,000원

ⓒYoungbae Kim, 2024

* 이 책은 저작권법에 의해 보호받는 저작물이므로
  무단전재와 복제를 금합니다.
* 이 책 내용의 전부 또는 일부를 이용하려면 저작권자와
  바이블랭크의 서면동의를 얻어야 합니다.

by_ [blank]

바이블랭크는
'모든 것에는 창작자가 있다'라는 생각으로
디자이너, 건축가, 사진작가들과
함께 협업합니다.